수학 비밀 일기 ㉓

등장 인물

혜리
새로운 학교에서 만난 성하의 새 친구이며 성진을 좋아한다.

최성하
엄마, 아빠가 해외로 연구하러 가셔서 할아버지 댁에서 지내게 된다. 어느날 또다시 새로운 일들이 생겨나고 노바세계의 노바썬을 찾기 위해 보석요정이 된다.

최성진
성하의 사촌.
할아버지 집 근처에 살면서 성하와 같은 학교를 다닌다. 여학생들에게 인기가 많다.

루나

성하의 라이벌이고 보석 요정이 되고 싶어 한다.

로빈

노바세계에서 온 또다른 친구. 성하와 시온 주변에 있으면서 노바썬는 찾으려고 하는 노바의 후계자이다.

시온

노바세계에서 노바썬을 찾으러 온 기사. 보석요 정인 성하의 힘이 필요하 다는 걸 알고 항상 성하 곁에 있으려고 한다.

지난 줄거리

보석요정 성하의 새로운 이야기가 펼쳐집니다!
순수한 마음을 가진 성하에게 어느날 놀라운 일들이 벌어지고 성하와 친구들은 서로의 우정을 지켜가며 보석의 힘을 빼앗으려는 악당 스플 릿과 싸우게 됩니다. 모든 싸움에서 이겨내어 친구들을 지켜냈던 성 하. 모든 것들이 평범한 일상이 되어진 어느 날. 또다른 놀라운 일들 이 생기는 데…….

차 례

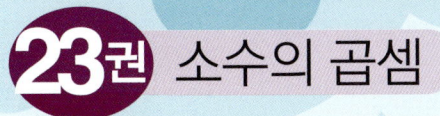

23권 소수의 곱셈

보석요정과 보석기사의 만남

[소수의 곱셈] 학습 내용

소수의 곱셈은 소수의 덧셈과 뺄셈 및 분수의 곱셈 내용을 바탕으로 지도해야 합니다. 이를 위해서는 분수를 소수로, 소수를 분수로 나타내는 방법을 알아야 합니다.

소수의 곱셈은 자연수의 곱셈과 같은 계산 알고리즘을 적용할수 있습니다. 따라서 일단 소수점의 위치와 관계없이 자연수의 계산 알고리즘을 따라 계산한 후, 소수점의 위치를 결정해 주는 것이 요령이고 그 중에서도 곱하는 수가 10, 100, 1000 등의 자연수인 경우와 0.1, 0.01, 0.001 등의 소수인 경우에 곱의 소수점의 위치가 정해지는 규칙성을 잘 알아두는 것이 중요합니다.

3개월 후

우리 성하,
잘 지낼 수
있지?

할머니
할아버지 말씀
잘 듣고 건강
해야한다.

19-36 G G

네.
엄마 아빠도
몸조심하세요.

1년은 생각보다
금방 간단다. 성하는
우리가 잘 돌볼 테니
걱정 안 해도 돼.

엉
엉

저도 따라 갈래요, 저도요.

네? 네?

성하야, 이러면 아빠 엄마 발걸음이 더 무거워져.

그래, 성하는 이 할애비랑 한 1년 즐겁게 지내자.

탑승구 Gate

성하야, 잘 지내야 한다!

26

우리 성하,
혼자 남은 게 많이
섭섭한가?

휴우~

친구가 없는
새 학교로 전학
갈 걸 생각하니
걱정이 돼요.

금방
새 친구들이
많이 생길 텐데.
걱정하지
말거라.

할아버지, 전 정말
심각하다고요!

끄덕
끄덕

금방 잘 어울릴
수 있을 테니 너무
걱정 안 해도
된단다.

* 공방: 공예품 같은 것을 만드는 작업실

할아버지네 자주 오나 봐?

거의 매일 와. 요즘 *공방에서 할아버지께 많이 배우거든.

닥홈 공방

뭐? 진짜? 할아버지, 나는 방해만 된다고 공방에 들어 가지도 못하게 하시더니!

하하. 나도 아직은 청소나 하는 수준이야.

그래도요!!

어라?

하하. 성하도 이젠 가끔 공방에 들어와도 좋다.

에? 진짜요? 진짜죠? 할아버지?

성하야, 저 벗나무 좀 봐.

성하야,
저녁 먹자.
내려오렴.

네~!

툭

파팍!

펑

여긴,
어디지?

어떻게 된 거지?

왜 빛이
모두 사라
졌지?

성하야……
도…와…줘…….

어디선가 멀리서
나를 부르는 소리가
들려.

바람?

휴오오!

으앗!

핫!

내게 뭔가
이야기하려던
꿈 같은데.

도와 주…….

응?
이게 무슨
소리지?

아! 일기장!

팔랑

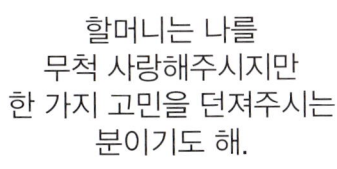

할머니는 나를
무척 사랑해주시지만
한 가지 고민을 던져주시는
분이기도 해.

할머니는 성하랑
1년을 같이 지내게 돼서
무척이나 기쁘단다. 우리
성하를 수학 영재로 만들
절호의 기회 아니냐.

푸웃

농담이시죠?
할머니?

아냐. 진짜이실 걸.

화르르

한 때 위대한 수학자를 꿈꾸던 수학교사였는데 내 손주 중 적어도 하나는 수학영재로 키워야 하지 않겠니.

하하하, 하지만 저는요, 그렇게 수학을 잘 하지······.

불가능은 없단다!

번쩍

노력과 연습은 모든 것을 쟁취하게 만들지.

성진아, 도와 줘~

혹시 모르잖아? 수학의 재능을 발견할지.

캬악

빨리 화제를 돌려야겠어.

저 접시, 굉장히 근사하다!

어떤 거?

교과서 크기랑 비슷해 보이는 거!

아, 은쟁반 말이구나.

아! 할아버지가 만드신 건가? 주변의 보석세공이 정말 멋지다!

그렇지? 허허.

그다지 크지도 않은데 보석이 꽤 필요했어.

그래? 제법 넓어 보이는데?

말이 나온 김에, 넓이를 한 번 구해볼까?

옛?

이 쟁반은 가로가 0.3m, 세로가 0.2m 란다.

넓이를 구하려면 가로×세로이고…

그러니까, 0.3×0.2는……

뭐야, 그러니까 너는 0.3×0.2의 답을 못 구한 거야?

맞다! 그랬지!

Quiz

계산을 하시오.

(1)
$$
\begin{array}{r}
0.5 \\
\times\ 0.7 \\
\hline
\end{array}
$$

(2)
$$
\begin{array}{r}
0.12 \\
\times\ \ 0.5 \\
\hline
\end{array}
$$

▶ 정답은 26쪽에

설마,
너 잠이 덜 깨서
그러는 거지?

?

꽁

60점

수학

수학에
자신 없어?
그래도 수학을 좋아
하기는 하지?

글쎄…….

쿠쿵

맞아요!
맞다니까요!

제대로
찾아온 거
맞아?!!!

흠…….
그런데 내가
수학을 못하고
좋아하지 않는다는
사실이 왜 저리
저 애에게
충격이지?

그럴리가
없어!

응?
왜 저러지?

아니야.
그럴 리가…….
이래서야 노바썬을
어떻게 찾는다는
거지?

너는 수학을 잘 하고 아주 좋아하나 봐?

당연하지!

노바썬의 기사에게 수학은 절대 필수야! 좋아하고 잘 하지 않고서는 노바썬의 기사가 될 수 없어!

노바썬이 뭔데? 수학 참고서 이름이야?

이 여자애는 어디서나 볼 수 있는 평범한 초등학생일 뿐이야!

이 애는 내가 보석요정이라는 걸 알 턱이 없으니까……

그러니까,
넌 아니야!

응?

빛덩어리가
둥둥 떠 있나
했더니,
그게 아니잖아?

아니야. 난 내
판단을 믿어.

저 여자애는
노바썬을 찾을
수 없어!

평범한
여자애가 대체
노바썬을 알아볼
수나 있겠어?

파앗

정화?
저 애가?
보석 *좌대라도
닦게 하라는
거야?

＊좌대: 그릇을 받쳐서 얹어 놓는 받침대.

이렇게 엉뚱한 데서 어물쩍하고 있을 시간이 없다구!

?

그 조그만 애들은 누구니?

이 애들이 보여?

응. 아까부터 네가 왜 허공의 빛에 이야기하나 했더니 잘 보니 그 속에 꼬마들이 둘 있는데?

노바썬의 정령들이
보인다니 네가
보석요정이라는 게
틀린 말은 아닐
수도 있겠네.

!!!!!

내 정체를 알고
있는 이 남자애는 대체 뭐지?
아까 벚꽃회오리에서 나타난 것 맞지?
예전의 네로처럼 다른
세계의 사람?!

좋아.
한 번 실력을 시험해
보면 되겠네.

그건 아빠가 주신
소중한 목걸이야!
함부로 장난할 게
아니라고!

너 지금
무슨 짓이야!

아하,
그래?

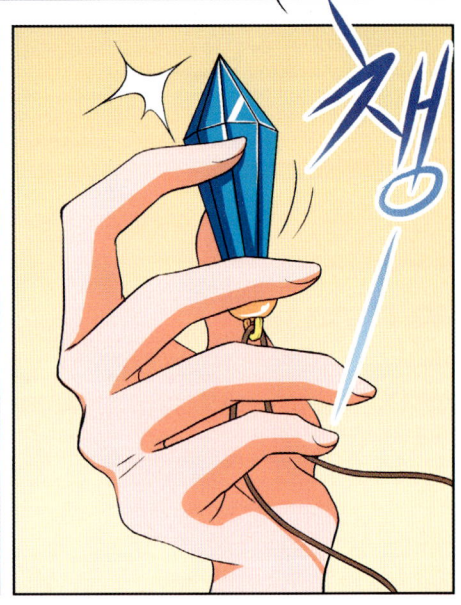

훗!

찾을 수 있으면 찾으러 와 봐!

시온님! 그러시면 안 돼요!!!

목걸이와 함께 이상한 남자 애가 사라졌어!

이제는 평범해지나 싶었는데 다시 이상한 일이 생겨버렸다!

(1보다 작은 소수)×(1보다 작은 소수)

퀴즈 1 할머니가 꾸며 주신 성하 방에는 가로가 0.5 m, 세로가 0.7 m인 직사각형 모양의 거울이 있어요. 거울의 넓이는 몇 m^2일까요?

(　　　　　　　　)

퀴즈 2 고등어 한 마리에 들어 있는 비타민 E는 0.45 g이에요. 성하가 먹은 고등어구이에 들어 있는 비타민 E는 몇 g일까요?

(　　　　　　　　)

정답은 134쪽에

퀴즈 **3** ▶ 성하가 발견한 시온 곁의 두 꼬마들은 노바썬의 정령들이에요. 노바썬의 정령들의 키는 몇 m일까요?

노바썬의 정령들?

너무 작고 귀여워!

이렇게 작은데 뭐가 귀여워? 정령들 키는 내 얼굴 길이의 0.9배 밖에 안 돼.

키가 작다니요! 전체적으로 작은 거예요!

그래서 키가 몇 m인데?

내 얼굴 길이가 0.23 m이니까 네가 알아서 계산해 봐.

( )

제 2 화
보석요정을 찾는
또 다른 소년

이얍!

틀렸어.
목걸이가 돌아
오질 않아.

찾을 수
있으면 찾으러
와 봐!

생각만 해도
얄미워
죽겠네!

다시 만나면
목걸이를 훔친 죄,
허락도 받지 않고
숙녀의 방에 *무단
침입한 죄를 보석
요정의 이름으로
처단해 주겠어!

그런데 어떻게
찾냐고!

＊무단침입: 허락없이 들어가거나 들어옴.

휴우~

성하야. 잘 잤니?

안녕히 주무셨어요?

성하, 눈이 좀 빨간 것 같다?

찾을 것이 좀 있어서 잠을 설쳐서 그런가 봐요.

부모랑 따로 떨어진 첫날이라 싱숭생숭해나 보군.

목걸이 보석의 힘은 아무나 사용할 수 없어.

잘 먹겠습니다.

그런데 왜 그걸 가지고 갔을까? 그리고는 왜 또 찾으러 오란거지?

솔르륵

혹시 보석을 쓸 수 있는 힘이 있는 걸까? 그 남자애에게?

요즘 애들은 저렇게 먹는 게 유행인가?

오렌지 주스를 핫케이크 위에 붓는 게?

쭈르륵

Quiz

계산을 하시오.

(1)
```
    4. 2
×   0. 3
```

(2)
```
    2. 5
×   1. 2
```

▶ 정답은 40쪽에

에휴~~

걱정하지 마.
새 학년 첫날인
건 다들 마찬
가지니까.

꼭 학교 생활이
걱정돼서 그런 건
아니고……

그럼?

잃어버린 게
있어서…….

그게 뭔데
그렇게 한숨까지 쉬어?
중요한 거야?

그렇긴 한데,
곧 찾을 수
있을 거야.

흐음…

지ㅡ ㅇ잉ㅡ

성하야?

아, 아니. 아무 것도 아니야.

기묘해. 뭔가가 나를 알아본 느낌? 내가 해야 할 게 있는 것 같은 느낌?

스르륵~

저 애다.

스륵

확실한가요?

응.
한눈에 알 수 있어.

평범해
보이는
데요?

앗! 혹시
보석 머리띠
때문에 저
애라고
생각한
건가요?!

그것만은 아니야.
무엇보다······.

예?

방금 전
노바썬이
움직였었어.

스르륵

!!!

그러니까,
넌 앞으로 내가
어떻게 할지
구경만 하고
있어.

피식

나만 다 모르는 애들뿐이구나. 성진이도 다른 반이고.

!

처음 보는데 혹시 이사 왔어?

아, 으응.

드르륵~

자자, 자리에 앉아요!

첫날이니 다들 간단히 자기 소개로 시작할까?

자, 먼저 나부터!

나는 우리 학교에서 가장 잘생겼지만 가장 다리가 짧아 안타까운 선생, 지성찬이다.

와하하~

항상 꼼꼼하게 한다고 하는데 덜렁댄다는 소리를 듣는 나혜리야.

내 소개, 뭐라고 하지? 잠시 전학 온 최성하? 밝고 건강한 최성하?

!

어쩌지? 어쩌지? 뭐라고 해야 하는 거야?

음……

다음~

깜짝

애! 애! 네 차례야.

쿡

네넷!
어디서나
볼 수 있는
평범한 초등학생,
최성하입니다!

이, 이럴
수가 !!!!!
이건 다 그 남자
애 탓이야!

하하하.
아주 인상적인
인사를 한 성하는
이번 학기에
전학을 온
새 친구란다.

평범하다고
생각하지
않는데?

굉장히 특별해
보이는 걸.

어쩐지 조금
부끄럽다.

휙

첫눈에
반한 거야?!!

꺄악~

우하하

계속 눈에 띄던데.

슥

아니다!
이 보석은 노바썬을
부르는 그 보석이
아니야!

하아-

쩌억

아유, 선생님. 궁금한 게 아직 많단 말이에요.

궁금증은 내가 해결해 주마!

최성하는 바로 옆 반, 최성진과는 사촌 사이란다.

부모님이 몽골과 중국을 오가는 생활을 하셔서 1년간 다홍공방에 살면서 우리 학교를 다니기로 했다!

다홍공방 선생님은 우리 학교에서 1주일에 한 번 방과 후 수업을 인기리에 진행하고 계신단다.

그래서 할아버지가 친구를 만들어 줄 수 있다고 하셨구나.

존재감이 없네요. 로빈님. 담임도 신경 안 쓰잖아요.

일어난 김에 내 소개를 할게.

앗!

난, 최성하에게 관심이 많은~~.

킥킥

성하에게도, 수학에도 관심 많은 로빈이야.

제일 관심 많은 건 보석이야. 비싼 것보다는 흔치 않은 보석!

아, 그래서 내 머리띠에 관심을 보인 거구나. 어쩐지 좀 서운하게 느껴지는 걸.

로빈도 전학을 온 새 친구다. 수학을 굉장히 잘 해서 올림피아드에서 수상을 한 적도 있지.

와아

그런 것까지 신경 써서 조작해 둔건가요?

어때? 어차피 내 수학실력은 이 애들을 훨씬 뛰어넘는데.

이렇게 상황을 곤란하게 만들다니,

대체 어쩌실 거예요!!

어쩌긴?
그 여자애가 이걸 찾으러 올 때까지 좀 기다려봐야지.

그런데 바로 옆집을 못 찾아오다니 이거 능력이 있는 거 맞나?

시온님!!

노바썬을 찾아 모을 생각이 있긴 한 거예욧!!!

이 집에 우리가 들어온 지 2시간밖에 안 되었거든요?!

당연하지!

애당초 이 세계에서 노바썬을 찾기 위한 기사로 날 뽑은 건 너희들이잖아. 믿고 뽑은 거 아냐?

그러니! 제대로 보석요정에게 도움을 요청했어야죠!

누가 엉뚱한 말썽이나 피워 달랬어요!!

찾을 테면 찾으러 와 봐!

시온님이 이렇게 당하면 도와주고 싶은 생각이 들겠어요?

윽

보석요정이 노바세계의 유일한 희망일 수도 있다는 것을 잊은 거예요??

어?

둥

실

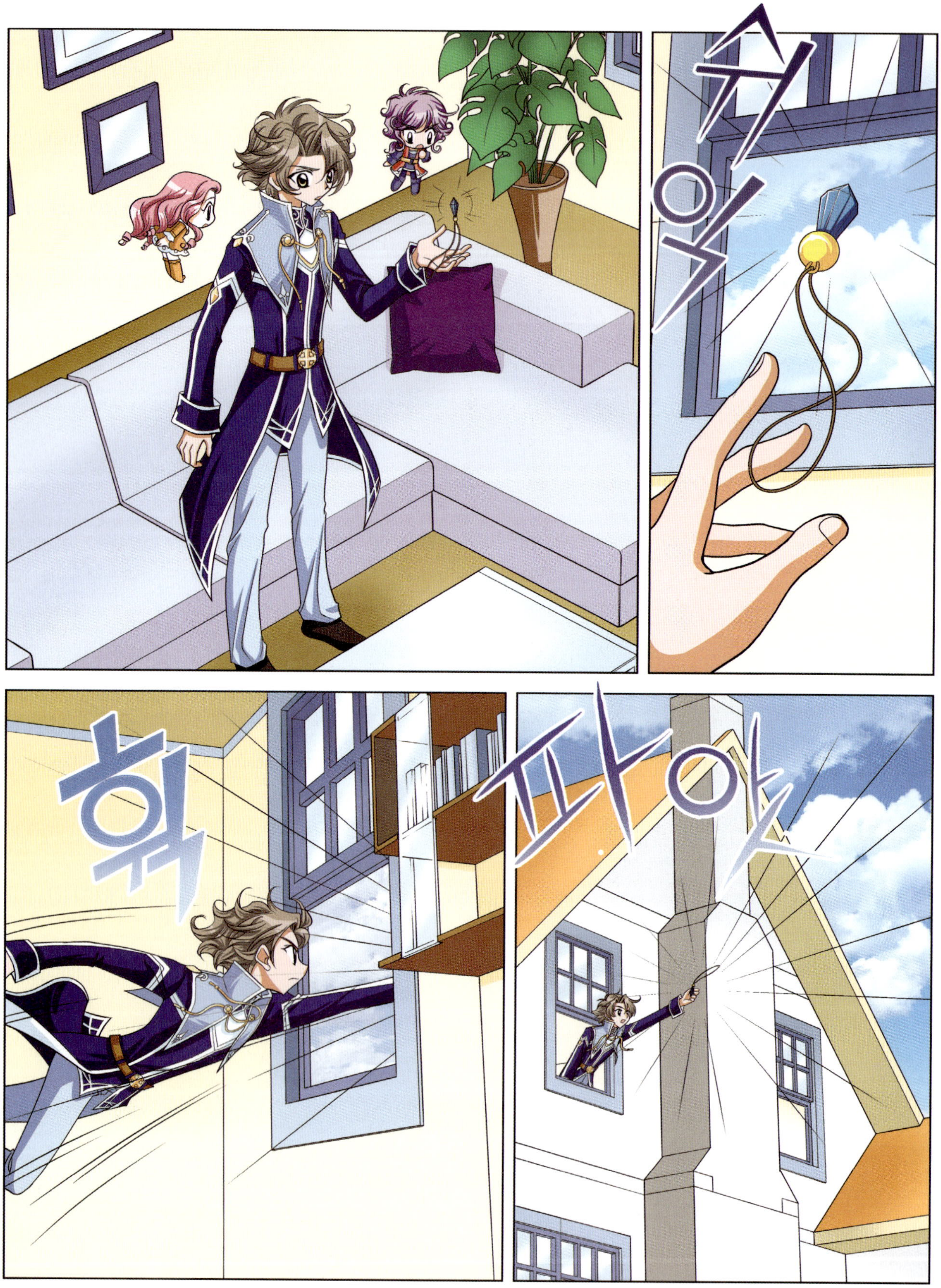
슈앗
휙
파앗

아~!

응? 눈에 티끌이라도 들어갔어?

창 너머로 뭔가 강한 빛을 본 것 같아서 눈이 좀 부셔서.

그래?

이번 달엔 쪽지를 뽑아 앉을 자리를 정하자.

다들 한 장씩 뽑는 거야. 펴 보고 다시 집어넣는 건 당연히 안 된다.

누구랑 짝이 될까? 이야기하기 편한 애랑 되거나……

아니면.

자! 어서 자리 정하고 개학식 날인데 빨리들 집으로 가자.

집에 빨리 가서 뭐 해요. 비도 오는데.

으잉? 비가 오냐?

조금 전부터요.

비 아닌데?

맞아, 밖에는 해가 떠 있어.

누가 물청소라도 하나보다. 자! 다들 한 장씩 뽑았지?

저건 물이 아니야!

물이 아니면?

그, 그러니까.

이상한 기운이 느껴진다는 말을 할 수도 없고.

그래. 물이 아니지.

*프리즘: 빛의 분산이나 굴절을 일으키기 위해 유리나 수정으로 만들어진 삼각기둥 모양의 것.

앗! 무지개가
사라졌어!

왔네. 훗!

자, 무지개는
다음 번 소나기나
물청소 때 또 보기로 하고,
이제 짝 맞춰
앉아보기로 할까?

5,6번 같이 앉았고, 다음은.

자, 7번, 8번!

!

잠깐! 둘 다 전학생인데 같이 앉히기는 좀 그렇구나.

이대로가 좋을 것 같은데요. 선생님?

생

멍—

아…….
그래.
그러자꾸나.

자, 그럼 성하와 로빈이 같이 앉고.

뭔가 잠시 어지러웠던 건 내 착각인가.

잘 부탁한다.

으응~.
나도.

찾았다!
노바썬!

안 돼요! 시온님!
여긴 사람들이
많은 학교라는
곳이라구요!

함부로
마법을 써서는
안 돼요!

이 세계는
왜 그리
조심해야 할
게 많아!

여기다!

과학실

기다려요! 시온님!

땅

시온님, 조심조심~

조용~

난 노바썬의 기사야. 잔소리가 너무 많은 거 아니야?

노바썬은 지금 정상적인 상태가 아니잖아요.

그래, 그 정상적이지 않은 노바썬을 어찌 잡아야 하는지 그거나 알려 줘.

노바썬을 잡으려면 보석요정의 힘이 필요하댔잖아요!

노바썬!!
어떻게든 잡을 거야!
하압!

시온님!
위험해요!
일단 피해요!

으앗!

뭐해!
좀 도와 줘!

시온님.

노바썬의
정령인 저희들은
노바썬을 방해
할 수 없어요.

뭐야!? 하여간
도움이 안 되는
꼬마들!

노바썬은 살아있는
것을 해치지는 않는다고
했지? 그렇지?

원래는
그렇죠.

정상적이지
않은 노바썬도
그럴지는…….

뭐, 뭐야?

내가 빼앗길
줄 알아?!

자, 내일 준비물 잘 챙겨오는 것 잊지 말고!

쌤! 내일 봬요!

최성하.

네?

아직 방과 후 신청서를 못 냈지?

하고 싶은 게 있으면 내일모레까지 신청서를 내렴. 로빈에게도 신청서 주고.

네.

응...... 뭘 신청하면 좋을까.

당근 보석공예지!

할아버지 수업을 신청해도 될까?

나도 신청했거든! 같이 듣자! 재밌어!

하긴 다 같이 배우면 친한 친구도 생길 거고.

그럴까?

와!

그럼, 먼저 가 볼게. 오늘은 피아노 학원 일찍 가야하거든. 내일 보자. 성하야!

응, 내일 봐!

현관 입구에서 성진이랑 만나기로 했는데.

최성하!

휙

어쩐지 이 부근, 허전해보여서 말이야.

설마, 로빈도 그 남자애처럼?

휙익

척

자~.

이거 선물이야.
네게 어울릴
것 같아서.

이런 걸 받을
수는 없어!

특별히
비싼 건 아니야.
걱정 안 해도 돼.

같은 짝이
된 선물이야.

싱긋

으응.

최 성하,
그럼 내일 보자!

탁
탁

받아도 괜찮을까?

하아~

그런데, 어떻게 갑자기 보석이 튀어나온 거지?

꼭 마술 같았어~.

빨리 가야지. 성진이가 기다릴텐데.

깍

팽~

휙

누구야!!

훌쩍 훌쩍

2화 개념 체크

(1보다 큰 소수) × (1보다 작은 소수)

퀴즈 **1**

성하는 아침에 1.2 L들이 병에 들어 있던 주스의 0.3만큼 마셨어요. 성하가 마신 주스는 몇 L일까요?

(   )

퀴즈 **2**

성하의 할아버지는 성하의 머리띠를 만드는 데 공방에 있는 리본 3.6 m의 0.12만큼을 사용하셨어요. 사용한 리본은 몇 m일까요?

(   )

정답은 134쪽에

퀴즈 3

개구리 표본이 든 병의 무게는 진달래 표본이 든 병의 무게의 2.4배예요. 개구리 표본이 든 병의 무게는 몇 kg일까요?

개구리 표본이 들어 있네?

으! 징그러워!

이건 진달래가 들어 있다!

그것 좀 놓고 말해.

진달래 표본이 들어 있는 병은 0.8 kg이야.

개구리 표본이 들어 있는 병은 진달래 표본이 들어 있는 병의 2.4배네.

(   )

제 3 화
보석요정과
보석의 기사

시온님이 노바썬 안에 갇혀서 빠져나오질 못하나 봐요.

그냥 조용하기만 해요. 이상해요.

울먹~

아유, 그렇게 조심하라고 했는데!

들지도 않고 노바썬으로 그냥 돌진하더니!

시온님이 원래 좀 말을 잘 안 듣는 타입이긴 했지.

그러니 툭 하면 사고를 치지.

잠깐만! 나, 지금 너희들이 무슨 말을 하는지 하나도 모르겠어!

제일 먼저, 시온이 누구야?

설마 그때 내 목걸이를 빼앗아 간 남자애?

움찔

시, 시온님은 나쁜 사람이 아니에요!

남의 물건을 함부로 빼앗아 간 애가 나쁘지 않다고?

좀 의심이 많았다고나 할까……. 그래서…….

아니에요! 아니에요!

휙

사람 바보 취급 하지 마!

저희가 대신 사과 드릴게요. 제발 도와주세요!!

시온님을 꺼내 주시면 목걸이는 저희가 바로 되돌려 드릴게요!

지금껏 내 목걸이를 빼앗아 가서, 내게 나쁜 짓을 시키려는 악당들은 굉장히 많았어.

나쁜 짓을 시키다니 절대 그런 거 아니에요!

저희들은 보석요정에게 노바썬을 찾아달라고 요청하러 왔을 뿐이에요!

시온님이 엉뚱한 말썽만 저지르지 않았어도 이렇게 일이 꼬이지 않는 건데!

또 노바썬. 그리고 이 애들은 내가 보석요정이라는 사실을 알고 있어.

너희들은 정체가 뭐야? 어디서 온 거야? 그리고 그 노바썬이 라는 건 대체 뭔데?

시온님과 저희는 '노바'라는 곳에서 왔어요.

역시 다른 세계에서 온 애들이 많았구나.

노바썬은 아주 거대한 힘을 가진 보석이에요.

보석!

이 세계가 태양에서 에너지를 얻고 살아가는 것처럼 〈노바〉에서는 '노바썬'에서 에너지를 얻어 모든 생물이 자라죠.

노바썬은 노바의 정 중앙에 위치하고 있고 소중히 지켜지고 있어요.

그런데 정확한 이유는 알 수 없지만 노바썬이 4개의 조각으로 갈라져 버렸어요.

갈라진 것뿐만 아니라 순식간에 회오리가 불며 다른 차원의 세계로 노바썬이 이동해버렸지요.

*전대미문의 일에 노바의 모든 마법사가 소환되었어요.

노바썬이 사라져버렸다는 건, 노바세계가 이제 멸망한다는 것과 같으니까요.

그 자리에는 노바썬의 정령인 저희도 있었고요.

아직은 노바썬의 힘이 노바세계에 남아있어서 그럭저럭 괜찮지만요.

그래서 마법사들은 정령들에게 의견을 물어 노바썬을 찾으러 갈 기사를 하나 뽑았지요.

노바썬의 기사, 시온이오.

그게 바로 시온님이에요.

어째서 시온을?

가장 깨끗한 마음을 가진 기사 였거든요.

좀 삐뚤어지긴 했지만.

그럼 노바썬의 기사가 노바썬을 찾으면 되는데 왜 보석요정을 찾은 거야?

저희는 노바썬이 오염되었고 그래서 노바썬이 부서져버렸다는 것만 알고 있어요.

노바 세계의 지도자인 대마법사님은 다른 세계에 보석요정이 있고 보석요정의 순수한 마음이 노바썬을 정화시킬 수 있을 거라고 했어요.

그러니까 그 보석 요정이,

나라는 거야?

네. 그런데 요정님 이름이?

내 이름은 최성하. 성하라고 부르면 돼.

도서관

특별해지는 법

특별해지는 법

항아

탁

이런 걸
읽는다고 더
특별해지는 것도
아니고. 어쩐지
내가 더 한심하게만
느껴져.

침성하?
희한해. 혼자서 공중에
대고 이야기를 하고
있네?

시끄러워!

너희도 다른
사람들하고
똑같아!

그런데 성하
주변의 저 빛나는
것들은 뭐지?

성진아.
먼저 돌아갈래?
친구가 생겨서 말이야.

알았어,
그럼 저녁에
보자~.

응? 성진이는
저 빛이 안 보이는
건가? 내가 잘못 보고
있는 건가?

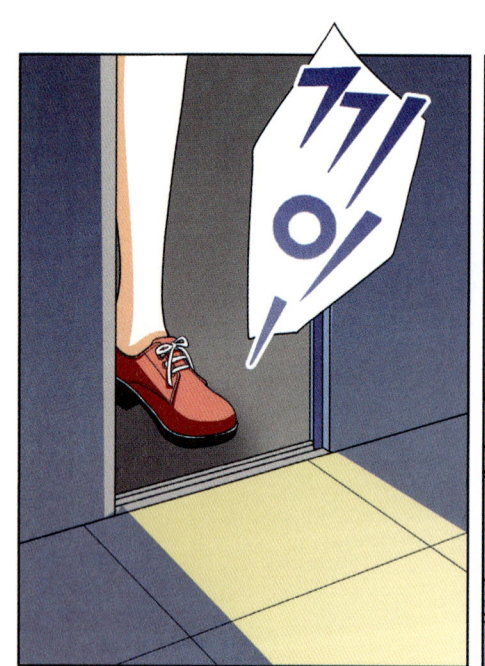

뭔가 공기가 다르게 느껴져. 무언가가 숨어 있는 느낌.

여기에요, 여기! 성하님! 이쪽! 이쪽!!

여기에 있다고?

다람쥐?

맞아. 굉장히 귀여운 다람쥐 같은 게 보이는데?

아니다! 날개가 달려있네?

잠자고 있나 봐.

볼이 볼록한 건 다람쥐랑 똑같긴 한데.

다 틀렸어!

다 틀렸어!

저 안에 빛이 없는 거야!

노바썬은 대체 얼마나 더러워진 거야?!

이 다람쥐, 꺼내주고 싶은데 어떻게 해야 하지?

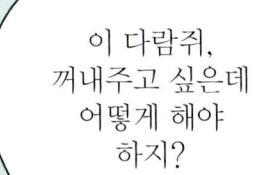

저희도 몰라요. 보석요정이 다 알거라고 했어요.

내가 안다고?

시온님 죽었나 봐!!! 노바썬이 사람을 죽게 할 줄은!

엉엉~. 까칠하긴 해도 착한 아이 였는데.

꺼내 주고 싶어.

지

잉

파

출 렁~

퍼 덕

퍼 덕

다람쥐가 아니라
박쥐… 잖아??

앗! 시온님!

살아
계셨어요?

둥실

저게,
노바썬?!

뚱!

괴롭히지 마!
다치잖아!

내가,
구해줄
거야!

시온님!
시온님이 나왔어!

억!

꺄악!

읍!

시온님!

성하님!
도와주세요!

일단 목걸이부터
되찾아야 해!
보석요정의 힘을
제대로 쓰려면!

꺅!
처음보다 2.55배는
늘어난 것 같아!

이번에는
다시 1.6배
늘어났어요!

그럼,
저 팔, 대체
처음보다
몇 배나
늘어난
거야?

2.55×1.6
배요!

그렇게
어렵게 말하면
바보요정이
알아듣겠어?!

소수와 소수의 곱셈은 자연수의 곱셈이랑 같은 방법으로 계산한 후에,

곱의 소수점 아래의 자릿수가 두 소수의 아래의 자릿수의 합과 같도록 점을 찍어주면 되잖아!

그럼 2.55×1.6은 얼마인데?

$$\begin{array}{r} 255 \\ \times\ 16 \\ \hline 4080 \end{array}$$

이잖아!!

$$\begin{array}{r} 2.5\ 5 \leftarrow\ \text{두 자리} \\ \times\ \ \ 1.6 \leftarrow\ \text{한 자리} \\ \hline 4.0\ 8\ 0 \leftarrow\ \text{세 자리} \end{array}$$

두 소수의 아래 자릿수 합이 3이니까 소수점을 왼쪽으로 3번 옮겨주면 되지. 정답은 4.08!

와! 한 번 배운 건 안 잊어버리고 응용까지 하는 타입이군요, 성하님은!

너희들은 내가 4.08배나 늘어난 노바썬의 손과 대결하는 동안 한가하게 박수나 치고 있을 거야?!!

Quiz

계산을 하시오.

(1)
$$\begin{array}{r} 2.4\ 5 \\ \times\ \ \ 1.5 \end{array}$$

(2)
$$\begin{array}{r} 1.3\ 3 \\ \times\ \ \ 0.7 \end{array}$$

▶ 정답은 98쪽에

휘익

슈욱

추우욱

파

악

노바썬의 힘이
약해지고 있어!

보석요정의
힘이에요!

꾸물~

슈우

핫!

보석요정!

잡아!
놓치지 마!

슉

내가?
어떻게?

이 바보!
바보 요정아!!

시온님!!!!

킥킥.
바보는 바로
너야!! 시온.

뜨아~

흠흠~

네가 보석요정이 확실한 지 확인해 보고 싶어서 그랬어.

꾸벅

그래. 난 노바썬을 지키는 노바썬의 기사, 시온이라고 해.

먼저, 목걸이를 함부로 빼앗아 간 건 미안하다.

도저히 믿을 수가 없었거든.

우리 정령들이 만드는 통로는 보석요정에게 곧장 가게 될 거라고 그랬잖아요!

하지만 소수 곱셈도 제대로 못하는 애가 보석요정 이라니!

죄송합니다. 죄송합니다! 노바세계에서 노바썬을 지키는 기사들에게는 수학을 잘 하는 것이 필수거든요.

하하

굽신

굽신

바보요정이라고
한 것도 미안해.

하지만!
노바썬을 잡지
못하는 보석요정!
내가 화가 안
날 수 있겠어?

어떻게 찾은
노바썬인데! 숨어
버렸잖아! 한시가
급한데!!

부글

부글

어쩐지 별로 사과
받는 기분이 들지 않아.

죄송합니다.
죄송합니다.

시온님!!

그냥,
그렇다는 거야.

딴 청

좀 믿음직스럽지
못한 것 같으니까,
앞으로는 그런 일이
없도록 내가 널 충분히
도와주도록 할게.

뭐?
뭘 도와
준다는 거야?

노바썬을 찾아 모으는 거.

난 아직 노바썬을 찾아 모으겠다고 한 적이 없어.

평범한 초등학생이 어떻게 그런 일을 해?

쿵

노바썬은 네 목걸이의 보석에만 반응해!

그리고 보석요정은 순수하고 착한 마음을 가졌다며!

당연히 위기에 처한 노바세계를 구해야 되는 거 아니야?

노바썬이 이대로 조각난 채 다른 세계에 오래 머물게 되면 괴물이 되어버릴 지도 몰라요.

그렇게 되면 노바썬의 정령인 우리는 흔적도 없이 사라져 버릴거예요.

내가 할 수 있을까? 방금 전에도 노바썬을 그냥 놓쳐버렸는데.

걱정 마세요!
보석요정이 방금 노바
썬을 바로 잡지 못한
건 당연한 거예요!

맞아요. 순서가
틀렸어.

대체 그게
무슨 말이야?!

노바썬은
지금 더러워져 있어요.

어떻게 해야
정화가 되는데?

정화가 되어야만
보석요정이 노바썬을
잡을 수 있어요.

에, 그건······.

그건?

저희도
잘 몰라요!
하하!!

뭐야, 그게!

때가 되면
성하님이 본능적으로
할 수 있을
거예요.

뭐야,
그게!

노바썬은 다시 거대한 힘을 가진 보석이 되려고 할 거예요. 그게 노바썬의 속성이니까요.

그러기 위해서는 목걸이의 보석을 계속 노리고 있을 거란 건 알고 있어요.

보석요정의 목걸이 보석과 노바썬은 그 성질이 같거든요.

그래서 서로가 서로를 부를 수 있는 거예요. 이제는 최대한 자신의 정체를 감추려 들겠지만요.

그렇다면, 보석요정 주변에 노바썬이 다시 나타날 거란 이야기군.

끼이잉

물?

스륵

아니야. 저건, 물이 아니야!

뭔가 좀 특별한, 이상한 물질 같아.

성하야!

아까 말한 친구야?

으응.

안녕!
난 최성진이야.
성하의 사촌이야.

무뚝뚝

난 시온이야.

난 시온의 누나예요. 어제 이사 왔어요. 잘 부탁해요.

나는 형. 야아~. 성진이는 시온보다 키가 훨씬 더 크네?

네. 하하.

누나랑 형은 동생보다 붙임성이 좋네.

할아버지 댁 바로 옆집에 산대.

이웃이구나!

나 시온이네에 15분 정도만 있다가 갈게.

응? 으응.

할아버지 옆집이 한참동안 비어있다더니 이사를 왔네.

좀 예민하고 까탈스럽게 보이는데⋯⋯.

뭐, 하긴 성하는 워낙에 착하니까.

휴우! 살 것 같다!

아아, 둔갑 한다는 건 정말 힘든 일이야.

하지만 방금 전 정말 예뻤어.

그렇죠? 계속 사람으로 변한 채 있을까?

그만 둬. 지금 놀이를 하는 줄 알아?

집 내부는 평범하네.

할아버지 집이 다 들여다보이잖아!

2층에선 서로 건너 다닐 수 있을 정도에요.

그러다가 다른 세계에서 왔다는 걸 들키면 어쩌려고?!

아이, 들키긴요.

최대한 가까이 있어야 무슨 일이 생겨도 바로 달려가지.

노바썬이 어떤 사건을 일으킬 지 어떻게 알아.

끼이익

아까 과학실에서 봤던 노바썬은 분명 노바썬의 물 부분일 거야.

노바썬은 물, 불, 흙, 공기의 4가지가 모여서 만들어진 보석이거든요.

주룩

물?

그럼 4조각으로 갈라졌다는 건.

아마도 보석의 갈라진 부분들이 그 성질을 가지고 나타날 거란 이야기에요.

컵 안의 물로 있다가 네게 사레를 들리게 할 수도 있고, 수영장에서 노바썬이 네 발을 잡아당길 수도 있겠지.

쉽게 말해서 물의 성질을 가진 노바썬은 물의 성질을 이용해서 널 골탕 먹이고 목걸이를 빼앗아 갈지도 모른다는 거지.

내 주변의 물이란 물은 다 조심하란 이야기야?

하지만 너무 걱정하지 않아도 돼. 내가 널 지켜줄 거니까.

엥?

그래서 이렇게 가까이 우리들이 살 곳을 정한 거야.

응응. 맞아요.

난 이제 네 곁에서 한시라도 절대 떨어지지 않을 거야. 언제 무슨 일이 생길지 모르니까.

그렇다고 해서 내가 널 좋아한다거나 하는 착각은 하지 말고!

이것은 어디까지나 노바썬을 찾기 위한 노바썬 기사의 숙명.

풋!

하하

걱정하지 마! 절대 그럴 일은 없을 거야.

깔깔

이 여자애는 대체!

봤어? 시온님, 또 삐진 거야.

성하님이 그다지 진지하게 듣지 않아서 그래.

속닥

속닥

우리 반에는 이상하게도 전학생이 많구나.

3번째 전학생, 시온이다.

무뚝뚝~

난 시온이야. 잘 부탁해.

자, 일단 시온의 자리부터 정해야겠는데. 어디가 좋을까?

선생님, 전 저 자리에 앉고 싶은데요.

그래? 어디?

마침 자리도 비었네요.

뭐야!! 싫어!

아, 저기는 빈자리가 아니야.

그래도 전 저 자리에 앉아야 해요!

왜?? 왜에?

저는 최성하를 지켜줘야 하거든요.

헉

ㅃ질 ㅃ질

흐흐. 성하가 그렇게 마음에 드니?

아뇨. 솔직히 그다지 맘에 든다고 할 수는 없지만.

그래. 그럼 이유를 말해 봐라.

기사로서의 제 숙명이니 어쩔 수 없죠.

싫어! 난 조용하고 평범한 초등학생의 생활을 하고 싶어! 이렇게 주목받고 싶지 않다고!

선생님!

수근 수근

최성하를 전학생들이 다 좋아하네?

115

자, 지난 시간까지 스케치는 다 끝냈지?

네!

그럼 이번 시간부터는 채색을 한다!

와글와글

물통에 물 떠 왔어?

아니. 지금 떠 올게.

쏴~

2시간 뒤

이제 점심시간이네! 와, 배고프다.

앗! 붓을 두고 왔다!

먼저 가! 붓 찾아 갈게.

어디에 있지? 이 근처에 뒀는데……

우웅

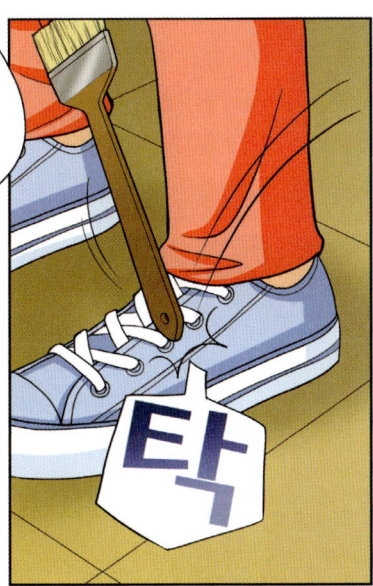

탁

고마워.

그, 그림이! 그림이 움직였어!!

벽의 그림이 말을 했다고? 이게 어찌된 일이지?

다 다 다

24권에서 계속.

(1보다 큰 소수)×(1보다 큰 소수)

시온의 키는 1.45 m이고 성진이는 시온 키의 1.1배예요.
성진이의 키는 몇 m일까요?

안녕, 난 시온이야.

난 시온의 누나예요.

난 시온의 형이지.

안녕하세요.

성진이는 키가 시온보다 많이 크구나.

시온이 키가 1.45 m인데 성진이 키는 몇 m니?

전 시온이의 1.1배예요.

그럼 키가 몇 m인 거지?

1.45×1.1을 계산해 보면 되잖아.

(   )

정답은 134쪽에

퀴즈 2

성하와 친구들이 그림을 그리기 위해 준비한 스케치북의
넓이는 몇 cm^2일까요?

시온, 넌 뭐하는 거야?

스케치북의 넓이는 구해서 뭐하게?

응?

스케치북의 넓이를 구하려고.

스케치북의 넓이를 알아야 정확하게 나눠서 그림을 그리지.

정확하게 나눠서 그릴 필요는 없잖아?

아냐, 난 정확한게 좋다고.

39.4 cm

27.2 cm

스케치북의 가로는 39.4 cm, 세로는 27.2 cm 로군.

( )

스토리텔링 문제

(소수)×10, 100, 1000 계산하기

1 가족 여행을 떠난 성하네 가족은 휴게소에 들러 생수를 샀습니다. 생수 한 병의 무게가 0.805 kg일 때 생수 10병, 100병, 1000병의 무게를 각각 구하시오.

10병 (   )

100병 (   )

1000병 (   )

2 바다에 도착한 성하네 가족은 모래성 쌓기를 하며 놀았습니다. 성하는 아빠가 만든 성보다 100배 높은 성을 쌓으려고 합니다. 성하가 쌓을 성의 높이는 몇 m입니까?

(   )

정답은 134쪽에

개념 스토리 2 (자연수)×0.1, 0.01, 0.001 계산하기

3 성하는 유적 발굴을 하러 떠나시는 아빠에게 드릴 선물을 사려고 저금한 돈의 0.001을 찾았습니다. 성하가 찾은 돈은 얼마입니까?

(   )

4 유적 발굴을 떠나시는 성하 부모님은 수화물로 부치는 짐 48.6 kg의 0.01만큼 을 종이 가방에 넣어 비행기에 탑승하셨습니다. 성하 부모님이 종이 가방에 넣 은 짐의 무게는 몇 kg입니까?

(   )

스토리텔링 문제

개념 스토리 3   1보다 작은 (소수)×(소수)

5 성하는 컵에 물을 0.5만큼 담아 와서 책상 위에 있는 화분에 컵에 들어 있는 물의 0.8배만큼 주었습니다. 성하가 화분에 준 물은 얼마인지 소수로 나타내시오.

(   )

6 할아버지 밥은 공기의 0.9만큼 담고 할머니의 밥은 할아버지 밥의 0.8만큼 담았습니다. 할머니 밥은 공기의 얼마만큼 담았습니까?

(   )

정답은 134쪽에

7 어제 성하는 일기를 한 쪽의 0.65만큼 썼고 오늘은 어제 쓴 것의 0.3만큼 썼습니다. 성하가 오늘 쓴 일기는 한 쪽의 얼마인지 소수로 나타내시오.

(   )

8 성하는 빨간색 색종이 0.5장을 책상 위에 놓고 초록색 색종이를 빨간색 색종이의 0.94배 크기로 자르려고 합니다. 초록색 색종이는 빨간색 색종이의 얼마인지 소수로 나타내시오.

(   )

9 성하의 머리핀의 무게는 0.84g이고 머리핀에 장식한 구슬의 무게는 머리핀 무게의 0.4배입니다. 구슬의 무게는 몇 g인지 구하시오.

(   )

10 맛있는 과자를 만들기 위해 버터는 밀가루 0.3 kg의 0.12배만큼 필요합니다. 필요한 버터의 무게는 몇 kg인지 소수로 구하시오.

(   )

11 그림을 보고 두 정령의 키의 합은 몇 m인지 구하시오.

(   )

12 성하는 상자를 묶기 위해 할아버지 공방에 있는 0.8 m짜리 끈의 0.4배만큼 잘랐습니다. 성하가 자른 끈의 길이는 몇 m입니까?

(   )

정답은 134쪽에

개념 스토리 4   1보다 큰 (소수)×(소수) ⑴

13 성하가 4.1×0.7을 분수의 곱셈으로 고쳐서 계산하려고 합니다. □ 안에 알맞은 수를 써넣으시오.

$$4.1 \times 0.7 = \frac{\square}{10} \times \frac{\square}{10} = \frac{\square}{100} = \square$$

14 성진이가 일주일 동안 먹은 우유는 1.5 L입니다. 성하가 일주일 동안 먹은 우유는 성진이가 먹은 양의 0.8배입니다. 성하가 일주일 동안 먹은 우유의 양은 몇 L입니까?

(   )

15 성하가 머리띠를 만드는 데 1 m에 무게가 21.6 g인 빨간색 리본 0.8 m를 사용했습니다. 성하가 머리끈을 만드는 데 사용한 리본의 무게는 몇 g입니까?

( )

💻 **개념 스토리 5** | 1보다 큰 (소수)×(소수) (2)

52×36으로 5.2×3.6의 값을 구할 수 있다고?

5.2는 52의 0.1배, 3.6은 36의 0.1배이니까 5.2×3.6은 52×36의 0.01배지.

그럼 소수 두 자리 수가 되게 소수점을 여기에 찍으면 되겠네.

$$\begin{array}{r} 52 \\ \times\ 36 \\ \hline 1872 \end{array} \quad \Rightarrow \quad \begin{array}{r} 5.2 \\ \times\ 3.6 \\ \hline 18.72 \end{array}$$

16 시온이가 성하에게 소수의 곱셈을 가르쳐 주고 있습니다. 53×27의 값을 이용하여 5.3×2.7의 값을 구하시오.

자연수의 곱을 계산한 후 곱한 두 소수의 소수점 아래 자리 수의 합만큼 소수점을 왼쪽으로 이동하여 찍어 주면 돼.

( )

정답은 134쪽에

17 성하와 친구들이 가지고 있는 소수의 곱셈을 계산하여 선으로 이으시오.

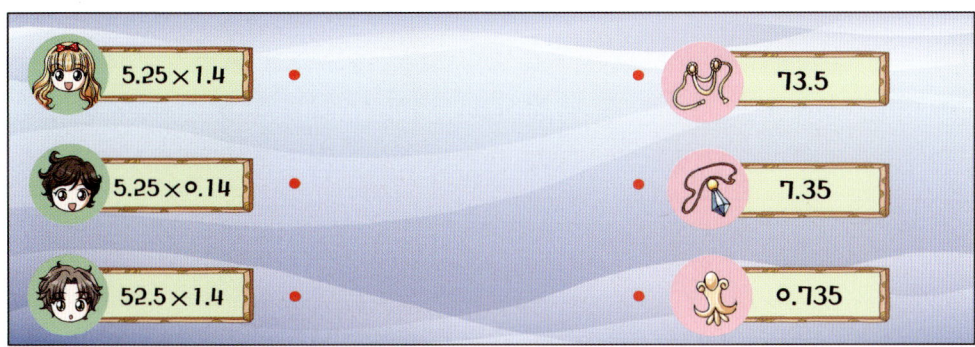

18 전학 오기 전 성하의 집에서 학교까지의 거리는 2.1 km였습니다. 전학 온 후 할아버지 집에서 학교까지 가는 거리는 전학 오기 전에 등교하던 거리의 1.6배라고 합니다. 전학 온 후 등교하는 거리는 몇 km입니까?

(   )

19 성하의 방은 가로가 2.45 m, 세로가 2.1 m입니다. 성하의 방의 넓이는 몇 m²입니까?

(   )

20 성하네 할아버지께서 오늘 사용한 철사의 길이는 3.2 m입니다. 어제 사용한 철사의 길이는 오늘 사용한 철사 길이의 2.4배입니다. 어제 사용한 철사의 길이는 몇 m입니까?

( )

21 성하네 할머니께서는 집앞에 텃밭을 가꾸십니다. 텃밭은 가로가 3.7 m, 세로가 1.32 m인 직사각형 모양입니다. 텃밭의 넓이는 몇 m^{2}입니까?

( )

22 시온이 박쥐의 모습을 하고 있을 때의 몸무게는 1.45 kg입니다. 사람으로 변했을 때의 몸무게는 25.2배로 늘어난다고 합니다. 시온이 사람으로 변했을 때의 몸무게는 몇 kg입니까?

( )

23 성하가 태어났을 때 몸무게는 3.14 kg이었고, 1년 뒤 돌잔치 때의 몸무게는 태어났을 때의 2.5배가 되었습니다. 돌잔치 때 성하의 몸무게는 몇 kg입니까?

(   )

24 계산 결과가 가장 큰 곱셈식을 가지고 있는 사람은 누구입니까?

1.1×2.7 성진
1.4×1.5 성하
5.3×2.1 로빈
8.6×1.08 시온

(   )

25 성하는 매일 1시간 30분씩 공부를 합니다. 공부하는 시간을 1.2배로 늘리면 하루에 몇 시간씩 공부를 하게 됩니까?

매일 1시간 30분씩 공부를 하는데도 성적이 오르지 않아요.

공부하는 시간을 1.2배로 조금만 더 늘려보는게 어떻겠니?

그럼 몇 시간이지?

(   )

• 회문 수

대칭수라고도 불리는 회문 수는 순서대로 읽은 수와 거꾸로 읽은 수가 같은 수를 말합니다. 또 앞으로 읽을 때와 뒤에서부터 읽을 때가 같은 단어나 문장을 회문(回文, palindrome)이라고 합니다. 예를 들면 토마토, rotator(회전하는 것), level(수준) 등이 있습니다.

2002는 뒤에서부터 읽어도 2002입니다. 수학자들은 여러 가지 방법으로 회문 수를 만드는 방법을 생각해 왔습니다. 47+74=121처럼 어떤 수와 그 수를 거꾸로 더해서 만들 수 있습니다. 하지만 항상 만들 수 있는 것은 아닙니다.

39+93=132 ⇨ 132+231=363에서처럼 39를 뒤집어 더하는 과정을 두 번 해야 할 수도 있고 아주 여러 번 반복해야 할 수도 있습니다.

> **보기**
>
> 여보게 저기 저게 보여
> 다 가져가다
> 다시 갑시다
> 다 이쁜 꽃뿐이다
> Was I saw
> Madam I'm Adam

10667을 회문 수로 만들려면 거꾸로 더하기를 53번 반복해야 합니다. 이때 만들어진 회문 수는 28자리인 4668731596684224866951378664입니다.

하지만 아무리 반복해도 절대 회문 수가 되지 않는 수도 있습니다. 이러한 수를 라이크렐 수(Lychrel number)라고 합니다. 지금까지 알려진 가장 작은 라이크렐 수는 196입니다.

한편 회문 수인 4994는 회문 수이지만 라이크렐 수이기도 합니다.

또 $12 \times 21 = 252$처럼 어떤 수와 그 수를 거꾸로 곱해서 만들 수 있습니다. 하지만 이 방법으로도 회문 수를 항상 만들 수 있는 것은 아닙니다.

한편 $11 \times 11 = 121$, $111 \times 111 = 12321$과 같이 1로만 이루어진 수를 두 번 곱하면 회문 수 121, 12321을 만들 수 있습니다. 하지만 1이 9개를 넘으면 회문 수가 만들어지지 않습니다.

> 회문 수를 만드는 데에는 규칙이 따로 없구나.

퀴즈

1 두 자리 수 중에서 가장 큰 회문 수를 구하시오.

(   )

2 세 자리 수 중에서 가장 작은 회문 수를 구하시오.

(   )

정답과 풀이

1화 개념체크 34~35쪽

퀴즈 1 0.35 m^2　**퀴즈 2** 0.225 g

퀴즈 3 0.207 m

풀이

1 (직사각형의 넓이)=(가로)×(세로)

$$0.5 \times 0.7 = 0.35$$

(소수 한 자리 수)　(소수 한 자리 수)　(소수 두 자리 수)

2 절반은 전체의 0.5이므로

$$0.45 \times 0.5 = 0.225 \text{ (g)}$$

3
$$\begin{array}{r} 0.2\,3 \\ \times \quad 0.9 \\ \hline 0.2\,0\,7 \end{array}$$
← 소수 **두** 자리 수
← 소수 **한** 자리 수
← 소수 **세** 자리 수

2화 개념체크 76~77쪽

퀴즈 1 0.36 L　**퀴즈 2** 0.432 m

퀴즈 3 1.92 kg

풀이

1 자연수의 곱셈처럼 계산한 다음 두 소수의 자리 수의 합만큼 소수점을 찍습니다.

⇨ $1.2 \times 0.3 = 0.36 \text{ (L)}$

2 $3.6 \times 0.12 = 0.432 \text{ (m)}$

3 $0.8 \times 2.4 = 1.92 \text{ (kg)}$

3화 개념체크 120~121쪽

퀴즈 1 1.595 m

퀴즈 2 1071.68 cm^2

풀이

1 (성진이의 키)=(시온이의 키)×1.1

$$\begin{aligned} &= 1.45 \times 1.1 \\ &= 1.595 \text{ (m)} \end{aligned}$$

2 (넓이)=(가로)×(세로)

$$\begin{aligned} &= 39.4 \times 27.2 \\ &= 1071.68 \text{ (cm}^2） \end{aligned}$$

스토리텔링 문제 122~131쪽

1 8.05 kg, 80.5 kg, 805 kg

2 30.5 m　　**3** 58원

4 0.486 kg　　**5** 0.4

6 0.72　　**7** 0.195

8 0.47　　**9** 0.336 g

10 0.036 kg　　**11** 0.532 m

12 0.32 m　　**13** 41, 7, 287, 2.87

14 1.2 L　　**15** 17.28 g

16 14.31　　**17** ✕

18 3.36 km　　**19** 5.145 m^2

20 7.68 m　　**21** 4.884 m^2

22 36.54 kg　　**23** 7.85 kg

24 로빈　　**25** 1시간 48분

풀이

1 $0.805 \times 10 = 8.05$

$0.805 \times 100 = 80.5$

$0.805 \times 1000 = 805$

2 $0.305 \times 100 = 30.5 \text{ (m)}$

3 $58000 \times 0.001 = 58 \text{(원)}$

4 $\underline{48.6} \times \underline{0.01} = \underline{0.486}$
(소수 한 자리) (소수 두 자리) (소수 세 자리)

5 $0.5 \times 0.8 = 0.4$

6 $9 \times 8 = 72$
⇨ $0.9 \times 0.8 = 0.72$

7 0.65×0.3
⇨ $65 \times 3 = 195$
⇨ $0.65 \times 0.3 = 0.195$

8 $0.5 \times 0.94 = 0.47$

9 $0.84 \times 0.4 = 0.336$ (g)

10 0.3×0.12
⇨ $3 \times 12 = 36$
⇨ $0.3 \times 0.12 = 0.036$ (kg)

11 남자 정령: 0.28 m
여자 정령: (남자 정령의 키)$\times 0.9$
$= 0.28 \times 0.9 = 0.252$ (m)
⇨ $0.28 + 0.252 = 0.532$ (m)

12 $\underline{0.8} \times \underline{0.4} = \underline{0.32}$
(소수 한 자리) (소수 한 자리) (소수 두 자리)

13 4.1×0.7 ⇨ $\begin{array}{r} 4.1 \\ \times\ 0.7 \\ \hline 2.87 \end{array}$

$4.1 \times 0.7 = \dfrac{41}{10} \times \dfrac{7}{10}$

$= \dfrac{287}{100} = 2.87$

14 (성하가 일주일 동안 먹는 우유 양)
(성진이가 먹는 우유 양)$\times 0.8$
$= 1.5 \times 0.8$
$= 1.2$ (L)

15 $21.6 \times 0.8 = 17.28$ (g)

16 (소수 한 자리 수)$\times$(소수 한 자리 수)
$=$(소수 두 자리 수)
$53 \times 27 = 1431$
⇨ $5.3 \times 2.7 = 14.31$

17 성하: $5.25 \times 1.4 = 7.35$
로빈: $5.25 \times 0.14 = 0.735$
시온: $52.5 \times 1.4 = 73.5$

18 $2.1 \times 1.6 = 3.36$ (km)

19 $2.45 \times 2.1 = 5.145$ (m^2)

20 $3.2 \times 2.4 = 7.68$ (m)

21 (직사각형의 넓이)$=$(가로)$\times$(세로)
$= 3.7 \times 1.32$
$= 4.884$ (cm^2)

22 (사람일 때의 시온 몸무게)$= 1.45 \times 25.2$
$= 36.54$ (kg)

24 (성진) $1.1 \times 2.7 = 2.97$
(성하) $1.4 \times 1.5 = 2.1$
(로빈) $5.3 \times 2.1 = 11.13$
(시온) $8.6 \times 1.08 = 9.288$

25 1시간은 60분이고 60의 0.5는 60×0.5
$= 30$(분)입니다.
60의 0.8은 $60 \times 0.8 = 48$(분)입니다.
1시간 30분 ⇨ 1.5
1.5×1.2 ⇨ 1시간 48분

수학 지식의 백과사전   133쪽

1 99   **2** 101

1:1 맞춤학습의 해결사

해법수학교실